上海市工程建设规范

地下式污水处理厂设计标准

Design standard for underground wastewater treatment plant

DG/TJ 08—2342—2020
J 15505—2021

主编单位：上海市政工程设计研究总院（集团）有限公司
批准部门：上海市住房和城乡建设管理委员会
施行日期：2021 年 5 月 1 日

同济大学出版社

2021 上海

图书在版编目(CIP)数据

地下式污水处理厂设计标准/上海市政工程设计研究总院(集团)有限公司主编. —上海：同济大学出版社，2021.5

ISBN 978-7-5608-9821-6

Ⅰ.①地… Ⅱ.①上… Ⅲ.①污水处理厂—地下建筑物—设计标准 Ⅳ.①X505-65

中国版本图书馆CIP数据核字(2021)第042072号

地下式污水处理厂设计标准

上海市政工程设计研究总院(集团)有限公司 **主编**

策划编辑 张平官

责任编辑 朱 勇

责任校对 徐春莲

封面设计 陈益平

出版发行 同济大学出版社 www.tongjipress.com.cn

(地址：上海市四平路1239号 邮编：200092 电话：021-65985622)

经 销 全国各地新华书店

印 刷 浦江求真印务有限公司

开 本 889mm×1194mm 1/32

印 张 2.625

字 数 71 000

版 次 2021年5月第1版 2021年5月第1次印刷

书 号 ISBN 978-7-5608-9821-6

定 价 25.00元

上海市住房和城乡建设管理委员会文件

沪建标定〔2020〕715 号

上海市住房和城乡建设管理委员会
关于批准《地下式污水处理厂设计标准》
为上海市工程建设规范的通知

各有关单位：

由上海市政工程设计研究总院(集团)有限公司主编的《地下式污水处理厂设计标准》，经我委审核，现批准为上海市工程建设规范，统一编号为 DG/TJ 08—2342—2020，自 2021 年 5 月 1 日起实施。

本规范由上海市住房和城乡建设管理委员会负责管理，上海市政工程设计研究总院(集团)有限公司负责解释。

特此通知。

上海市住房和城乡建设管理委员会

二〇二〇年十二月三日

前　言

根据上海市住房和城乡建设管理委员会《关于印发〈2018 年上海市工程建设规范、建筑标准设计编制计划〉的通知》(沪建标定〔2017〕898 号)的要求,标准编制组经广泛调查研究,认真总结上海地区的实践经验,参考和引用了国内外有关标准,并在广泛征求意见的基础上,制定本标准。

本标准主要内容包括:总则;术语;基本规定;总体设计;工艺设计;建筑设计;结构设计;暖通和除臭设计;电气设计;检测和控制设计。

各单位及相关人员在执行本标准的过程中,如有意见和建议,请反馈至上海市水务局(地址:上海市江苏路 389 号;邮编:200042;E-mail:kjfzc@swj.shanghai.gov.cn),上海市政工程设计研究总院(集团)有限公司(地址:上海市中山北二路 901 号;邮编:200092;E-mail:smedi@smedi.com),或上海市建筑建材业市场管理总站(地址:上海市小木桥路 683 号;邮编:200032),以供今后修订时参考。

主 编 单 位: 上海市政工程设计研究总院(集团)有限公司

参 编 单 位: 上海城投水务(集团)有限公司

上海城市水资源开发利用国家工程中心有限公司

上海城投污水处理有限公司

同济大学

主要起草人: 张　欣　董　磊　班春燕　王　敏　李　滨

甘晓莉　翟之阳　肖　艳　杜　炯　周质炎

叶源新　徐月江　姚　杰　陈　广　白海梅

陈银广　陈　芸　郑　雄　周新宇　高乃平

李春光　崔　贺　杨一烽

主要审查人:王家华　袁　勇　张善发　苏　宇　赵华亮
高小平　杨国荣

上海市建筑建材业市场管理总站

目　次

Contents

1 总 则

1.0.1 为规范本市地下式污水处理厂的设计，做到安全可靠、技术先进、经济合理、管理方便，制定本标准。

1.0.2 本标准适用于本市新建、扩建和改建的城镇永久性的地下式污水处理厂的设计。

1.0.3 地下式污水处理厂的设计，除应符合本标准外，尚应符合国家、行业和本市现行有关标准的规定。

2 术 语

2.0.1 地下箱体 underground structural box

埋设在地下，由相互交联的现浇或预制钢筋混凝土梁、板、柱等合围而成，内部用于污水和污泥处理、设备和管道安置、人员巡视检修及货物吊装运输的合建式腔体。

2.0.2 操作层 operation layer

地下箱体内利用构筑物池顶、构筑物间顶部连接板和内部隔间地坪共同构建的，供管理人员巡视管理和操作的空间，一般为地下箱体的负一层。

2.0.3 地下式污水处理厂 underground wastewater treatment plant

由一个或若干地下箱体构成，操作层通过若干出入口和进出通道与地面连通的污水处理厂。一般分为全地下式污水处理厂和半地下式污水处理厂。

2.0.4 全地下式污水处理厂 invisible underground wastewater treatment plant

地下箱体顶板平均标高低于规划地面标高，或二者标高差小于操作层平均净高 1/2 的地下式污水处理厂。

2.0.5 半地下式污水处理厂 semi-underground wastewater treatment plant

地下箱体顶板平均标高大于规划地面标高的地下式污水处理厂。

2.0.6 设施层 facility layer

地下箱体负二层储水构筑物之间的腔体，用于安装敷设管道、管件、阀门或水泵等设备和设施的空间。

2.0.7 操作层建筑物区域 building area

操作层上用于设备和设施安置的合围或隔断空间。

2.0.8 操作层构筑物区域 structure area

操作层上除建筑物区域外的区域。

2.0.9 进出通道 access channel

连接地下式污水处理厂操作层及室外地面的车行通道。

2.0.10 通风井 ventilation shaft

连通地下箱体内部与室外、用于新鲜空气输入和污浊空气排出的建筑物。

2.0.11 占地利用率 land utilization rate

所有构(建)筑物总占地面积与地下式污水处理厂规划用地面积之比。

2.0.12 地下空间利用率 space utilization of underground treatment

地下式污水处理厂中实际用于污水和污泥处理的总体积与地下空间构(建)筑物总体积之比。

2.0.13 设计冗余度 redundancy of design

从安全角度或为远期提标增加的设计余量。

3 基本规定

3.0.1 地下式污水处理厂设计应以批准的上海市国土空间规划和排水工程专业规划等相关规划为主要依据，设计方案根据所在区域功能定位、用地面积、水文地形地质条件、周边环境影响敏感程度、卫生防护距离、上部空间利用、环评要求等因素综合考虑，全面论证，做到技术先进、经济合理、安全可靠、运维便利。

3.0.2 地下式污水处理厂建设形式应根据地块开发要求、地上部分使用功能、经济能力、水文地形地质条件、管网进水标高和排放水位等统筹考虑，与城市防洪、河道水系、道路交通、园林绿地、环境保护、环境卫生等专项规划设计相协调。

3.0.3 地下式污水处理厂建设规模应根据服务范围内规划年限的人口数、产业规划、给水量、排水量和管网收集率等进行分析预测，并应充分考虑各种不确定因素，留有设计冗余度。

3.0.4 地下式污水处理厂的建设用地应按项目总规模控制；近远期用地布置应按规划内容和本期建设规模，统一规划，分期建设；地下箱体土建工程宜按远期规模一次建成，设备分期安装；公用设施宜按远期规模一次建设，预留用地宜集中布置。

3.0.5 地下式污水处理厂设计应充分体现出海绵城市的设计理念，在确保防汛安全的前提下降低径流，减少外排雨水。

3.0.6 地下式污水处理厂的污水污泥处理系统、再生水系统、消防系统、通风及防排烟系统、应急安全系统等设施应同步设计、同步建设、同步投运。

3.0.7 地下式污水处理厂的设备选用应体现机械化、自动化、信息化和智能化的特点，并充分考虑防腐、防潮、防爆等技术要求。

3.0.8 地下式污水处理厂设计时，应考虑施工工序、安全操作和防护的需要，在设计文件中应注明涉及施工安全的重点部位和环节，并对防范生产安全事故提出指导意见。

3.0.9 地下式污水处理厂宜采用 BIM 技术对管线进行碰撞检查、设计优化、辅助施工和建设管理。

3.0.10 地下式污水处理厂宜选择占地面积小、可紧凑布置、技术成熟、运行稳定、维护简单、设备更换便捷的处理工艺。

3.0.11 地下式污水处理厂的供配电系统应符合现行国家标准《供配电系统设计规范》GB 50052 的有关规定，供电系统负荷等级不应低于二级负荷。

3.0.12 地下式污水处理厂应设独立的通风系统，臭气应单独负压收集及处理，并与有毒有害气体监测和报警系统联动。

3.0.13 地下箱体内应设置逃生警示标识和出入口标识，地下式污水处理厂应在生产区域的构筑物、设备、管线等处设置明显标识，管道和设备标识应符合现行行业标准《城市污水处理厂管道和设备色标》CJ/T 158 的有关规定。

3.0.14 地下式污水处理厂应设置完备的吊装系统，起重设备的起重量应根据需吊运的最重部件放大一档确定。

4 总体设计

4.0.1 用地紧张、环境影响高敏感的城市区域可采用全地下式污水处理厂；对于环境影响低敏感的城市区域，有条件时，宜采用半地下式污水处理厂。

4.0.2 地下式污水处理厂应充分利用土地资源，提高占地利用率和地下空间利用率，并合理利用地下箱体的上部空间。

4.0.3 地下式污水处理厂位置的选择应符合上海市国土空间规划和排水工程专业规划的要求，并在常规污水处理厂选址考虑因素的基础上重点关注下列因素：

1 有良好的工程地质条件，应避免地下水位高及不良地质区域，并进行地质灾害性评价。

2 厂区防洪标准不应低于上海城镇防洪标准，有良好的排水条件。

4.0.4 厂区生产管理建筑物和生活设施宜集中布置，并与通风井、除臭系统排气筒等统筹布局。

4.0.5 厂区地面建筑物的造型应简洁美观，并与周围环境相协调。

4.0.6 地下式污水处理厂的综合办公楼、总变电室、中心控制室等运行和管理人员集中的建筑物宜设置于地面上；有爆炸危险的设施和处理单元不宜设置在地下箱体内。

4.0.7 地下箱体出入口位置应满足通行要求，减少对地面交通的影响。地下箱体通向厂区地面的进出通道，应符合下列规定：

1 车行道的宽度：单车道不宜小于 4 m，双车道不宜小于 6 m～7 m。

2 车行道转弯半径应满足工艺和消防要求，不宜小于 6 m。

3 车行道转弯段坡度不宜大于 8%，直段坡度不宜大于 10%，通道敞开部分宜采用透光材料合理设置防雨水盖罩。

4 人行道宽度宜为 1.5 m～2 m。

5 进出箱体的通道入口应设置驼峰，驼峰高度不应小于 0.5 m，通道中部和末端均应设置横截沟。

4.0.8 地下式污水处理厂的设计和建设宜贯彻海绵城市建设理念，并符合下列要求：

1 执行本市的海绵城市建设指标。

2 地面以上的绿地通过营造微地形，创造多种地貌和竖向空间，设置植草沟、生物滞留设施、地面建筑、生态树池等设施，将绿地的景观功能与加强型海绵功能有机融合。

3 屋面和机动车道雨水宜通过植草沟就近排入生物滞留设施，超过设施能力的雨水溢流进入污水处理厂的雨水管道。

4 当存在污水、污泥或其他污染风险时，不宜采用透水铺装等含渗透功能的源头减排技术。

4.0.9 地下式污水处理厂的防护距离应满足规划和环评要求。

4.0.10 地下式污水处理厂吊装口及其他地下箱体通向地面的开口部位应有防止人员坠落的安全防护装置。

4.0.11 地下式污水处理厂地下箱体顶部覆土厚度应根据上部种植绿化种类确定，宜为 0.5 m～2.0 m。周边敏感设施有特殊要求时，应进行充分的论证。

4.0.12 地下式污水处理厂控制系统设计宜采用智慧控制模式。

4.0.13 地下式污水处理厂应设置有毒有害气体检测报警设备。

5 工艺设计

5.1 一般规定

5.1.1 地下式污水处理厂的设计流量应按最高日最高时流量确定，工艺流程下游构筑物和管道的过流能力不应小于上游的过流能力，并留有设计冗余度。

5.1.2 应充分考虑设备起吊、通风、消防、车辆和人员通行要求，合理确定地下式污水处理厂的埋设深度和操作层净空高度。

5.1.3 地下式污水处理厂的工艺流程、竖向设计应充分利用地形和进出水条件，水力通畅，经济合理。

5.1.4 地下式污水处理厂应设置不少于 2 条可独立运行的并联处理线，并联运行的处理构筑物应设置均匀配水装置，各处理工艺段系统间宜设可切换的连通管渠，以及能够使各处理单元独立运行的超越管线。

5.1.5 污水和污泥的处理构筑物宜根据情况分别集中布置。地下构(建)筑物与地面构(建)筑物布局应紧凑，间距应合理，符合现行国家标准《建筑设计防火规范》GB 50016 的有关规定，并应满足各构筑物施工、设备安装、管道埋设以及养护、维修和管理的要求。

5.1.6 地下式污水处理厂的污水及污泥处理工艺选择应充分论证，禁止采用生产过程中存在连续或周期性大量泄漏或释放有毒有害物质、无法有效密闭收集臭气的污水及污泥处理工艺及其设备。

5.2 地下箱体布置

5.2.1 地下式污水处理厂地下箱体的平面布置应符合下列规定：

1 操作层平面应根据工艺、结构及管理需求进行功能分区。

2 各处理构筑物平面布置应紧凑，减少占地，提高地下空间利用率。

3 根据地下箱体尺寸，综合考虑工艺流程、构筑物埋设深度、设备设施管理的便利性，将工艺流程上相邻、池深相近、尺寸相配、有除臭要求或集中用电负荷的处理构筑物集约化布置。

4 构筑物池型及其布置应与结构柱网的间距及布置统筹设计。

5 处理构筑物连接管渠应简短、顺直，避免迂回。

6 管线宜集中布置。

7 应布置疏散口、通风口、采光口、吊装口及检修口等，并与地面景观融合。

8 附属建筑物宜在操作层集中布置。

9 污泥消化、堆肥及焚烧等处理单元不应布置在地下箱体内。

5.2.2 地下式污水处理厂竖向设计应符合下列规定：

1 宜充分利用地形并结合地面景观设计，减少埋设深度。

2 各处理构筑物和连接管渠的水头损失和标高应准确计算并留有设计冗余度。

3 出水应确保顺畅，不受潮水或河水顶托。

4 操作层的布置应满足管线连接、操作运行、车辆运输及人员通行的要求。

5.2.3 需巡检维护的地下处理构筑物池体顶部应设置可打开的活动盖板或观察窗，活动盖板四周配置救生圈等应急救援设施。

5.2.4 地下式污水处理厂附属建筑物包括鼓风机房、通风机房、加药间、碳源投加间、格栅间、除臭设备间、污泥处理车间、回用水泵房、消防泵房、配电间、控制室、进出水仪表间、机修间、仓库等。附属建筑物应分区集中布置于操作层，减少防火分区数量。每个防火分区的面积应符合现行国家标准《建筑设计防火规范》GB 50016 的有关规定。低于室外地面 10 m 以下的部位不宜布置附属建筑。

5.2.5 地下管廊应保证人员通行顺畅，管廊的末端应设紧急逃生通道。

5.2.6 操作层各控制室、值班室应配备空气呼吸器、自吸式过滤式防毒面具(半面罩)、急救箱、便携式硫化氢报警仪等。

5.3 污水处理

5.3.1 污水处理工艺应符合成熟可靠、流程简短、清洁低碳、耐冲击负荷的原则，减少配套设备类型和数量，确保维护简单、运行稳定，并留有设计冗余度。

5.3.2 宜在进入地下箱体前的进水管上设置单独的闸门井，闸门井内宜设置流量调节闸和正向受压速闭闸。

5.3.3 地下箱体内部的进水口应设置速闭闸，速闭闸应在 30 s 内全关闭，速闭闸启闭机及现场按钮箱应高于最高设计水位 1 m。

5.3.4 地下式污水处理厂宜设置粗格栅、细格栅和超细格栅三道格栅，超细格栅栅距宜为 1 mm～3 mm。所有格栅均应考虑设置一套备用人工格栅或超越溢流堰。

5.3.5 生物反应池应选用寿命长、维护方便的曝气器和连接管配件，单组曝气模块应单独设阀门。

5.3.6 生物反应池宜采用沟流式布置，廊道宽度宜为 6 m～8 m。

5.3.7 宜对地下箱体内水池的敞开水面进行加盖，经常检修的区域应设置滑动盖。

5.3.8 中间提升泵房和出水泵房与进水速闭闸应设联锁控制。

泵房备用泵不宜少于2台。

5.3.9 投加危险化学品时，药剂制备或储存设施应设置在地下箱体外，可采用地面槽罐车重力转输或通过泵加压输送补充药剂储罐，且所有药剂储罐应设置围堰防止外溢，输送管道应符合现行国家标准《压力管道规范 工业管道》GB/T 20801 的有关规定。

5.3.10 鼓风曝气宜采用噪声小、效率高、散热少、环境要求低的鼓风机。鼓风机和鼓风机房应设隔振、散热和吸音降噪，鼓风机房外1 m处噪声值应低于60 dB。曝气风管外露部位应隔热。

5.3.11 地下式污水处理厂的设计参数宜按取值范围的下限选取，设备备用配置的设计参数宜按取值范围的上限选取。

5.3.12 地下式污水处理厂构筑物顶板标高不应低于前续构筑物的最高水位标高。

5.4 污泥处理和处置

5.4.1 污泥处理工艺宜综合上海市污泥处理处置规划、污泥性质、处置出路等因素合理选择。

5.4.2 污泥处理相关构筑物及设施宜与污水处理区域隔断。有爆炸危险的污泥处理设施不宜设于地下箱体内。

5.4.3 地下箱体进出通道应满足箱体内污泥处理设备、污泥运输车辆进出的需要，脱水机、干化机等大型整体设备宜通过地下箱体顶部起吊口出入。

5.4.4 污泥运输进出通道宜单独布置，并与人员通行和巡检通道分开。重要设备设施前宜设置防撞设施和车挡。

5.4.5 污泥处理能力应符合现行国家标准《室外排水设计规范》GB 50014 的有关规定，应布置不少于2条的可独立运行的处理线，并应设置1条全流程的备用处理线。

5.4.6 污泥处理区工作场所应满足职业病危害因素检测要求，化学有害因素职业接触限值应符合现行国家标准《工作场所有害因

素职业接触限值　第1部分：化学有害因素》GBZ 2.1的有关规定，物理因素职业接触限值应符合现行国家标准《工作场所有害因素职业接触限值　第2部分：物理因素》GBZ 2.2的有关规定，室内空气环境质量应符合现行国家标准《室内空气质量标准》GB/T 18883的有关规定。

5.4.7　污泥处理处置全流程及接料、装车、运输等过程应采取全密闭措施，避免污泥落地和二次转运、臭气和粉尘泄漏。

5.4.8　污泥处理系统主流程上各单元宜设置应急污泥出料系统。

6 建筑设计

6.1 一般规定

6.1.1 地下式污水处理厂地面建筑物的造型应简洁美观，与周围环境相协调。

6.1.2 操作层建筑物和构筑物以及箱体内设施管廊层之间应采用防火墙、耐火极限超过 1.5 h 的楼板分隔。防火墙上设置门窗或洞口时，应设置火灾时能自动关闭的甲级防火门窗或固定甲级防火窗。

6.1.3 地上建筑一般包括生产管理与生活设施、部分辅助生产配套设施、不适宜于布置在地下的生产设施及地下车间伸出地面的通风井、出入口等。

6.1.4 生产管理建筑物宜布置在地下生产车间的正上方，通过垂直交通与地下生产车间相连。

6.1.5 消防控制室应设置在生产管理建筑内，并应符合现行国家标准《建筑设计防火规范》GB 50016 的有关规定。

6.1.6 柴油发电机房不宜设置在地下箱体内；确有需要时，应符合现行国家标准《建筑设计防火规范》GB 50016 的有关规定。

6.1.7 地面构筑物通风井及出入口等宜与地面建筑结合，应因地制宜，与上部景观相协调。

6.2 装饰设计

6.2.1 地下箱体内的装修材料应防火、防潮、防霉、防腐、耐久、易清洁、便于施工，地面材料应防滑耐磨。

6.2.2 地下箱体内宜采用天窗、侧窗、天井、光导管等措施自然采光。

6.3 防水设计

6.3.1 地下箱体顶板防水等级应为一级，防水层中至少有1道为耐根穿刺防水层。

6.3.2 地下箱体底板和侧壁防水等级不应低于二级。

6.4 建筑消防

6.4.1 地下式污水处理厂的耐火等级：地面建筑不应低于二级，地下箱体应为一级。

6.4.2 地下箱体内建(构)筑物的火灾危险性应根据生产中使用或产生的物质性质及其数量等因素分类，并应符合表6.4.2的规定。

表6.4.2 地下箱体内建(构)筑物的火灾危险性分类

建(构)筑物名称	火灾危险性分类
配电装置室(无含油电气设备)	戊类
户内直流开关场(无含油电气设备)	戊类
油浸变压器室	丙类
干式变压器室	丁类
电容器室(有可燃介质)	丙类
干式电容器室	丁类
柴油发电机房	丙类
仪表间	戊类
供排水泵房、消防泵房	戊类

续表6.4.2

建(构)筑物名称	火灾危险性分类
通风机房、空气调节设备室	戊类
鼓风机房、除臭风机房	戊类
污泥脱水机房	戊类
污泥浓缩机房	戊类
除臭设备间	戊类
风廊、风塔	戊类
构筑物区域	戊类
设施层	戊类

6.4.3 地下式污水处理厂地下箱体消防设计应符合下列规定：

1 操作层建筑物区域的防火设计应符合现行国家标准《建筑设计防火规范》GB 50016 的有关规定。

2 生物反应池、二沉池等池顶操作层构筑物区域的防火分区面积可按工艺要求确定，水面面积可不计入相应防火分区的允许建筑面积。

3 操作层构筑物区域每个防火分区内任一点至最近安全出口的直线距离不宜大于 60 m，通向相邻防火分区的甲级防火门可作为第二安全出口，每个防火分区至少应设置 1 处直通室外的独立安全出口；设施层内任一点至最近逃生口的直线距离不宜大于 100 m，通向相邻防火分区的甲级防火门可作为逃生口。

4 疏散楼梯的设置应符合现行国家标准《建筑设计防火规范》GB 50016 的有关规定。

5 操作层建筑物的装修材料防火性能应符合现行国家标准《建筑内部装修设计防火规范》GB 50222 的有关规定。

6 操作层构筑物应采用不燃材料装饰；设施层不应做建筑装饰，确需装饰时，应采用不燃材料。

6.5 出入口

6.5.1 地下箱体车辆出入口不应少于 2 处。

6.5.2 地下箱体出入口室内地坪标高高于厂区地面标高的高度不应小于 300 mm。

7 结构设计

7.1 一般规定

7.1.1 地下式污水处理厂结构设计应采用以概率理论为基础的极限状态设计方法，以可靠指标度量结构构件的可靠度，采用含分项系数的设计表达式进行设计。

7.1.2 地下式污水处理厂结构应按承载能力极限状态、正常使用极限状态和耐久性极限状态进行设计。

7.1.3 地下式污水处理厂结构的安全等级不应低于二级。

7.1.4 地下式污水处理厂结构的设计使用年限不应少于50年。

7.1.5 地下式污水处理厂的抗震设防分类应符合现行国家标准《建筑工程抗震设防分类标准》GB 50223的有关规定。

7.1.6 在周边环境允许的条件下，基坑围护结构宜采用无内支撑的支护结构。可根据开挖深度采用多级支护，支护结构类型可分为排桩、重力式挡土墙、双排桩、组合式、地下连续墙等。

7.2 结构形式和材料

7.2.1 地下式污水处理厂的地下箱体宜采用现浇钢筋混凝土梁板结构。

7.2.2 地下式污水处理厂结构应采用防水混凝土，设计抗渗等级不应低于P8。

7.2.3 地下式污水处理厂采用的钢筋应符合抗震性能指标。

7.2.4 地下式污水处理厂宜采用桩基，可采用钢筋混凝土预制桩、钻孔灌注桩、劲性复合桩。

7.3 结构计算

7.3.1 地下箱体宜按空间体系考虑不同工况条件下各荷载组合作用并进行结构整体分析。

7.3.2 构筑物超高应计入内水荷载，且不应小于 300 mm，并按强度验算事故工况。

7.3.3 地下箱体和构筑物壁板采用变断面结构形式时，应考虑壁板截面刚度变化对弯矩产生的影响。

7.3.4 地下式污水处理厂应进行结构抗浮计算，计算时，不应计入设备及水的自重，其他各项作用均取标准值，抗浮系数不应小于 1.05。

7.4 抗震设计

7.4.1 地下式污水处理厂地上结构的抗震等级应符合现行国家标准《建筑抗震设计规范》GB 50011 和现行上海市工程建设规范《建筑抗震设计规程》DGJ 08—9 的有关规定。地下箱体结构的抗震等级应符合表 7.4.1 的有关规定。

表 7.4.1 地下箱体结构的抗震等级

设防烈度 设防类别	7 度
重点设防类(乙类)	二
标准设防类(丙类)	三

7.4.2 操作层应根据现行国家标准《建筑抗震设计规范》GB 50011 的有关规定进行抗震计算。构筑物抗震计算应根据现行国家标准《室外给水排水和燃气热力工程抗震设计规范》GB 50032 的有关

规定计算水平地震作用下的自重惯性力、动水压力、动土压力，验算结构构件的截面抗震强度。

7.4.3 地下箱体抗震墙和框架结构的抗震措施应符合现行国家标准《建筑抗震设计规范》GB 50011 的有关规定；构筑物和管道抗震措施应符合现行国家标准《室外给水排水和燃气热力工程抗震设计规范》GB 50032 的有关规定。

7.5 构造要求

7.5.1 地下式污水处理厂地下箱体宜减少变形缝设置数量。

7.5.2 地下式污水处理厂地下箱体底板厚度应大于相连壁板厚度。

7.5.3 施工缝宜设置在受力较小的截面处，并采取措施保证先后浇筑的混凝土间良好固结，必要时，加设止水措施。

7.5.4 当操作层楼（顶）板作为地下箱体外壁板的水平支撑时，不宜局部错层或大尺寸开孔。工艺要求局部错层时，宜采用斜向渐变方式错层或设置足够的抗侧力墙。需要局部开大孔时，宜在孔边缘设置边梁或采取其他加强措施；宜采用结构整体空间分析方法进行验算。

7.5.5 管道、箱涵与地下箱体连接处，应设置变形缝连接，并应设置减少接缝两侧错位变形的措施。管道、箱涵穿越基坑深厚新填土时，应采取措施减小差异沉降。

7.5.6 钢筋混凝土墙（壁）的拐角及与顶、底板的交接处，当不影响工艺运行要求时，宜设置腋角。腋角的边宽不应小于 200 mm，并应配置构造钢筋。

7.5.7 构筑物顶板厚度不宜小于 200 mm，应采用双层双向配筋，且每层每个方向的配筋率不宜小于 0.25%，并应避免开设大洞口。

7.5.8 钢筋混凝土构件的配筋应符合下列规定：

1 受力钢筋的最小配筋百分率应符合现行国家标准《混凝土结构设计规范》GB 50010 的有关规定。

2 受力钢筋宜采用直径较小、间距较密的方式进行配置，钢筋间距宜控制在 100 mm～200 mm。

7.6 耐久性设计

7.6.1 地下式污水处理厂环境类别的划分应符合现行国家标准《混凝土结构设计规范》GB 50010 的有关规定。

7.6.2 钢筋混凝土的强度等级、水胶比、氯离子含量、碱含量应根据设计使用年限及地下箱体外水土、地下箱体内污水、地下箱体内气体环境对混凝土的作用等级等条件综合确定。混凝土材料的耐久性要求应符合表 7.6.2 的有关规定。

表 7.6.2 混凝土材料的耐久性要求

最低混凝土强度	最大水胶比	最大氯离子含量	最大碱含量(kg/m^3)
C35	0.50	0.10%	3.0

注：1. 表列数据是按设计使用年限 50 年、一般环境条件给出。当设计使用年限大于 50 年或混凝土环境类别为非一般环境时，混凝土材料尚应符合现行国家标准《混凝土结构耐久性设计规范》GB/T 50476 的有关规定。
2. 氯离子含量是指其占胶凝材料重量的百分比。

7.6.3 钢筋混凝土保护层厚度应根据设计使用年限及地下箱体外水土、地下箱体内污水、地下箱体内气体环境对混凝土的作用等级等条件综合确定。各部位钢筋的最小混凝土保护层厚度要求应符合表 7.6.3 的有关规定。

表 7.6.3 各部位钢筋的最小混凝土保护层厚度

构件类别	工作环境条件	保护层最小厚度(mm)
墙、板	与水、土接触或高湿度	30
	与污水接触或受水汽影响	35

续表7.6.3

构件类别	工作环境条件	保护层最小厚度(mm)
梁、柱	与水、土接触或高湿度	30
	与污水接触或受水汽影响	35
基础、底板	有垫层的下层筋	40
	无垫层的下层筋	70

注：1. 表列数据是按设计使用年限 50 年、一般环境条件给出。当设计使用年限大于 50 年或混凝土环境类别为非一般环境时，钢筋混凝土保护层厚度尚应符合现行国家标准《混凝土结构耐久性设计规范》GB/T 50476 的有关规定。

2. 当构件外表面设有水泥砂浆抹面或其他涂料等质量确有保证的保护措施时，表列要求的钢筋的混凝土保护层厚度可酌量减小，但减小幅度不应超过 10 mm。

7.6.4 钢筋混凝土表面裂缝计算宽度限值应根据地下箱体外水土、地下箱体内污水、地下箱体内气体环境对混凝土的作用等级等条件综合确定。一般环境条件下，裂缝控制等级应为三级，结构构件的最大裂缝宽度限值应小于或等于 0.2 mm，不应贯通。

7.6.5 地下式污水处理厂与污水、污泥接触或受污水及污泥水气影响的构筑物内表面应采取防腐措施。

8 暖通和除臭设计

8.1 一般规定

8.1.1 地下式污水处理厂宜采用自然通风方式。当自然通风方式不能满足卫生、环保或生产工艺要求时，应采用机械通风或自然通风与机械通风相结合的联合通风方式。

8.1.2 存在突然放散有毒有害危险性物质的区域应单独设置通风系统，并应设置事故通风系统。事故通风量宜由平时通风系统和事故通风系统共同保证。

8.1.3 地下箱体内的通风系统与除臭系统应分别设置。

8.1.4 地下式污水处理厂除臭系统宜由臭气源封闭加罩或加盖、臭气收集、臭气处理及处理后排放等部分组成。

8.1.5 地下式污水处理厂除臭系统设计应综合分析臭气产生的原因、源强特征、散逸部位，采取预防和控制措施，从源头减少臭气量。

8.1.6 地下式污水处理厂除臭设计方案应根据污水和污泥处理工艺特点、臭气量、臭气成分、浓度和波动情况、运行管理模式等因素，通过技术经济比较确定。

8.1.7 地下式污水处理厂除臭设计应贯彻全过程控制理念，符合国家和地方关于安全、节能、环保、卫生等相关政策、标准和规定，不得新增二次污染和风险源。

8.2 通风系统

8.2.1 各区域的通风系统应单独设置，每个通风系统横向不宜跨越防火分区；恶臭污染物难以完全封闭的地下空间应统筹考虑通风和除臭的流速场，合理组织气流，并满足排除余热、余湿及控制臭气浓度的要求。

8.2.2 机械通风系统应进行风量平衡及热平衡计算。

8.2.3 机械通风系统换气次数应符合表 8.2.3 的有关规定。

表 8.2.3 机械通风系统换气次数

序号	生产区域名称		换气次数（次/h）	
			正常状态	事故状态
1	构筑物区域	粗细格栅、曝气沉砂池、初次沉淀池、储泥池等上部区域	≥6	≥12
		生反池、二沉池、高效沉淀池等上部区域	≥6	
2	建筑物区域	污泥浓缩脱水机房、除臭系统及加药间等建筑物	≥6	≥12
		鼓风机房、变配电室等电器用房类建筑物	按排除设备工作时产生的余热量设计	
3	机动车行道		≥6	

8.2.4 事故排风的吸风口应设在有毒有害气体放散量最大或聚集最多的地点。事故排风的死角处应采取导流措施。

8.2.5 事故排风的排风口设置应符合下列规定：

1 不应布置在人员经常停留或人员通行区。

2 排风口与机械送风系统进风口的水平距离不应小于 20 m。

3 当水平距离小于 20 m 时，排风口应高于进风口 6 m 以上。

4 当排气中含有可燃气体时，事故通风系统排风口距可能火花溅落地点不应大于 20 m，距地下式污水处理厂通向地面的开口部位不应小于 10 m。

5　排风口不应朝向室外空气动力阴影区和正压区。

8.2.6　事故通风装置应与报警装置连锁，通风机应分别在室内及靠近外门的外墙上设置电气开关。

8.2.7　设置有事故排风的场所不具备自然进风条件时，应同时设置补风系统，补风量宜为排风量的80%，补风机应与事故排风机连锁。

8.2.8　在检修状态下，当固定工作地点靠近有害物质放散源且无局部排风装置，平时和事故通风系统无法保证工作地点空气质量时，应设置直接向工作地点送风的临时通风系统。

8.2.9　应根据风量、风压等设计参数选择性能曲线合适的通风机，风机效率应符合现行国家标准《工业建筑供暖通风与空气调节设计规范》GB 50019的有关规定。当通风系统风量、风压调节范围较大时，宜采用双速或变频调速风机。

8.2.10　通风机房宜临近所服务的空间区域，大型通风机应预留检修场地及运输通道，并宜设置吊装设施及操作平台。

8.2.11　通风设备进、出口风管应设置独立的支架或吊架，管道荷载不应加在通风设备上。

8.2.12　风管设计风速应符合现行国家标准《工业建筑供暖通风与空气调节设计规范》GB 50019的有关规定。

8.2.13　风管尺寸、壁厚、管道材料、防腐性能、严密性能应符合现行国家标准《通风与空调工程施工质量验收规范》GB 50243的有关规定。

8.2.14　地面新风井应设在地块内空气清洁处，宜设在全年主导风向的上方；进风口百叶宜面对主导风向。当新风井与排风井合建时，进风口与排风口方向宜错开布置，排风口应避免朝向敏感建筑开启。

8.2.15　通风井应采取消声降噪等措施，符合现行国家标准《工业企业厂界环境噪声排放标准》GB 12348和《声环境质量标准》GB 3096的有关规定，且应满足环评报告要求。

8.2.16 室外通风井进、排风口下沿的最小高度应满足防洪要求。

8.2.17 通风系统送回风管穿越机房、防火分区隔断处及防火分隔处的变形缝两侧均应设置 70 ℃熔断的防火调节阀。

8.2.18 通风系统送、排风风管上大截面防火阀应采用一体形式的阀组，不应由小截面的阀门拼接。

8.3 防排烟系统

8.3.1 地下箱体中的操作层建筑物区域及设施层厂房区域防烟排烟系统的设置、防烟分区的划分、设备材料的选用等应符合现行国家标准《建筑设计防火规范》GB 60016 和《建筑防烟排烟系统技术标准》GB 51251 的有关规定。

8.3.2 地下箱体中的操作层构筑物区域，当可燃物较多或经常有人停留时，应设置防烟排烟设施。

8.3.3 当地下箱体内机动车行通道设置机械排烟系统及补风系统时，防烟排烟系统宜与平时通风系统兼用，可按现行国家标准《汽车库、修车库、停车场设计防火规范》GB 50067 的相关规定执行。

8.3.4 地下箱体内多于两层或总高度大于 10 m 的防烟楼梯间及前室和箱体内部避难走道应设置机械加压送风系统。

8.3.5 地下箱体内管廊区域可按现行国家标准《城市综合管廊工程技术规范》GB 50838 的相关规定执行。

8.3.6 地下箱体内防烟排烟系统风管应采用不燃材料。系统附件及绝热材料燃烧性能均应符合现行国家标准《建筑设计防火规范》GB 50016 和《建筑防烟排烟系统技术标准》GB 51251 的有关规定，且应耐油、耐潮、耐酸碱腐蚀。

8.3.7 排烟风机前应设置排烟防火调节阀，当烟气温度达到 280 ℃时，排烟防火调节阀熔断关闭，相应排烟风机联锁停止运行。

8.3.8 兼作防排烟用的通风、空气调节设备应受消防系统控制，应在火灾时能切换到消防状态，并应符合现行国家标准《建筑防烟排烟系统技术标准》GB 51251 的有关规定。

8.3.9 通风系统与排烟系统的监测与控制、机房设计和设备选型、管道、阀门、配件、保温材料的设计选择与安装均应符合现行国家标准《建筑防烟排烟系统技术标准》GB 51251 的有关规定。

8.4 空调系统

8.4.1 地下式污水处理厂操作层建筑物和地上办公用房等区域需要集中供冷、供热且污水处理厂有回用水等资源可供利用时，宜采用水源热泵机组制备空调冷、热水。

8.4.2 电气用房分体空调室外机的设置应保证机组的正常散热运行。

8.4.3 地下式污水处理厂采用鼓风机等散热量大且对环境温度要求较高的设备时，宜采用空调降温。

8.5 设备配置

8.5.1 空调风系统和通风系统的风道系统单位风量耗功率(W_s)以及设备选型、冷热管网水泵输送比均应符合现行国家标准《工业建筑节能设计统一标准》GB 51245 的有关规定。

8.5.2 通风与空气调节系统产生的噪声，当自然衰减不能达标时，应设置消声设备或采取其他消声措施。各类风机、空气处理设备的减振与消声处理，宜结合该设备配套的减振消声措施深化设计。

8.6 除臭系统

8.6.1 散发臭气的池体和设备，应采用小空间单独封闭，分区负压收集、就近处理。

8.6.2 应避免操作和巡视人员直接暴露在密闭臭气散发源内，操作和巡视频繁的空间应加强通风并维持正压，操作空间内应设置监控摄像、H_2S 和 CH_4 等气体监测仪表和声光报警装置。

8.6.3 臭气收集宜利用与水池一体的钢筋混凝土结构，与臭气的接触面应进行防腐涂装，外加集气罩应采用一体成型的轻质耐腐蚀材料，应满足强度和密封性能要求，并紧临池面布置。

8.6.4 大空间臭气应均匀收集不留死角，避免臭气局部积聚。

8.6.5 吸气口的布置宜采用空气动力学模拟后确定，吸入端宜采用喇叭型，标高不应低于最高水位。

8.6.6 投加多种化学药品时应避免相互间化学反应产生的有毒有害气体，并单独进行有效的封闭和收集。

8.6.7 收集的臭气应负压均匀抽吸输送至净化装置，不同源强宜分别收集输送。

8.6.8 臭气输送管道应采用明装，并沿墙或柱集中成行或列，平行敷设。管道与梁、柱、墙、设备及管道之间应按相关规范设计间隔距离，满足施工、运行、检修及管道系统的热胀冷缩要求。

8.6.9 臭气输送管道宜垂直或倾斜敷设，低点必须设置耐腐蚀疏水放空阀。水平敷设时，应在水平管下部加设倾斜的冷凝水专用排水管，水平间隔不宜大于 5 m。

8.6.10 臭气输送管道应做气密试验，系统漏风量不应大于 3%。臭气输送管道系统应进行阻力平衡计算。系统并联管路压力损失的相对差额不应大于 5%。

8.6.11 风管应设置测试孔和采样操作平台。

8.6.12 风管应采用阻燃玻璃钢、不锈钢等防腐材质。

8.6.13 风管主干管和主要支管上应安装可精密调节开度的风阀，风阀应采用耐腐蚀材质，全关时密封严密。

8.6.14 风管分支立管上宜安装风量指示装置，与臭气接触部件应采用耐腐蚀材质。

8.6.15 地下式污水处理厂宜采用生物除臭工艺，应充分考虑臭气量和臭气组分大幅波动对效率的影响。采用化学法除臭工艺，应采用安全稳定的化学药剂，宜设置废液 pH 调节装置，妥善处置废液。

8.6.16 采用组合除臭处理工艺应考虑不同工艺之间的匹配与衔接，设置事故时的应急处理，部分工艺段检修时，不应影响到其他除臭工艺段的运行。

8.6.17 地下箱体内不宜采用与臭气直接接触的等离子除臭工艺，与高浓度臭气和其他燃爆气体直接接触的风机应采用防爆电机。

8.6.18 臭气处理尾气排放应进行环境影响评估，高空排放的排气筒布置宜与地面景观相结合，且远离周边敏感区域。

8.6.19 排气筒材质应根据使用条件、功能要求、排气筒高度、材料供应及施工条件等因素确定。

8.6.20 排气筒直径应根据出口流速确定，流速宜为 12 m/s～15 m/s。

8.6.21 排气筒应设置永久性采样孔和采样平台，并应根据批准的环境影响文件安装自动监控设备设施或预留连续监测装置安装位置。

8.6.22 排气筒应采取防腐措施，排气筒顶部应设置防雷装置，底部应考虑排水设施。采用金属外壳的室外排气筒还应有接地措施，可能影响航空器飞行的室外排气筒设计应符合现行国家标准《航空工业工程设计规范》GB 51170 的有关规定。

9 电气设计

9.1 一般规定

9.1.1 地下式污水处理厂变配电系统宜提高变压器的事故保证率，当其供电系统中一台变压器因故退出运行时，另一台变压器应确保进水泵、出水泵和中间提升泵等设备的运行，并不低于60%的事故保证率。

9.1.2 地下式污水处理厂的应急照明应符合现行国家标准《建筑设计防火规范》GB 50016 和《消防应急照明和疏散指示系统技术标准》GB 51309 的有关规定，疏散指示、疏散照明等应自备应急电源。

9.1.3 地下式污水处理厂各部位安装的电缆应符合现有国家标准《电力工程电缆设计标准》GB 50217 的有关规定。

9.2 电源要求

9.2.1 地下式污水处理厂的排烟风机、消防水泵、事故风机、存水泵等重要用电设备，应采用双重电源或双回路电源供电，电源引自不同变压器供电母排，末端自切。

9.2.2 地下式污水处理厂的防淹设备为特别重要负荷，除了正常市电供电外，还应自备应急电源。

9.2.3 当有毒有害气体浓度、氧气浓度等地下式污水处理厂环境监测数据不达标时，应开启事故风机。

9.3 设备布置

9.3.1 地下式污水处理厂内 35 kV 及以下电压等级变配电设施可设置在地下式污水处理厂地下箱体内，110 kV 及以上变配电设施宜设置在地面。

9.3.2 地下式污水处理厂内变电所、配电间、控制室宜与工艺生产车间合建；变电所宜靠近负荷中心，低压供电线路半径不宜大于 250 m。第一级变配电设施应布置在独立的房间内。

9.3.3 带变频、软启动的控制箱宜集中设置在有空调系统的控制室内。

9.3.4 通风管不应安装在变电所、配电间、控制室内的电气设备顶部。

9.3.5 变电所的设置应符合现行国家标准《20 kV 及以下变电所设计规范》GB 50053 的有关规定，不应设置在地下式污水处理厂最底层。变电所、配电间、控制室的室内地坪应抬高 50 mm～200 mm 或设置防水门槛。

9.3.6 设置在地下式污水处理厂地下箱体操作层和设施层内落地安装的电气柜应抬高至少 200 mm。

9.3.7 地下式污水处理厂变电所、配电间和控制室应设置电缆沟，深度应满足电缆敷设弯曲半径要求。

9.3.8 电缆引入或引出地下式污水处理厂宜从侧壁开孔或预埋保护管，并应采取防水措施。

9.4 防腐防潮防爆

9.4.1 地下式污水处理厂的大空厢、管廊区域操作层及设施层内的电气设备外壳柜体宜采用不锈钢材质，防护等级不宜低于 IP55，防腐等级宜为 WF1/WF2 级。

9.4.2 地下式污水处理厂控制室、变电所内安装的电气设备柜体可采用覆铝锌钢板或耐腐处理碳钢，防护等级和防腐等级可等同于地面污水处理厂设计标准。

9.4.3 地下式污水处理厂的按钮箱、电源检修箱外壳可采用高强度聚碳酸酯材质。

9.4.4 地下式污水处理厂的桥架宜采用不锈钢材质，采用钢制桥架时，应有防腐措施。

9.4.5 地下式污水处理厂的高、低压开关柜以及变压器柜内应设置自动加热器，其他电气设备内宜装设自动加热器，加热器故障信号宜上传厂区监控系统。半地下式污水处理厂可按不同生产区域选择地下式污水处理厂或者地面污水处理厂设计标准。

9.4.6 地下式污水处理厂电气设备的进出线宜采用下进下出的方式。

9.4.7 地下式污水处理厂变电所、控制室等窗户宜采用固定式的，不宜开设出风百叶窗。半地下式污水处理厂位于外墙处的变电所、控制室可采用开启式的窗户。

9.4.8 地下式或半地下式污水处理厂中央位置的变电所、配电间、控制室等集中设置电气设备的房间宜采用独立排风系统或空调进行散热。

9.4.9 爆炸危险区域的电气设计应符合现行国家标准《爆炸危险环境电力装置设计规范》GB 50058 的有关规定。

9.5 照明设计

9.5.1 地下式污水处理厂灯具选择应满足使用场所的照明要求，并应符合现行国家标准《建筑照明设计标准》GB 50034 的有关规定。

9.5.2 摄像监控范围内应设置 24 h 照明，照度满足摄像监控设备的需求。

9.5.3 操作层和设施层照明应采用集中控制方式，无人巡视时，应分区域关闭照明；现场可分区域手动控制，现场手动控制级别最高；当地下式污水处理厂具备网络覆盖时，宜设置 App 控制模式。

9.5.4 照明应采用高效节能光源。

9.5.5 照明灯具的设置应便于检修更换。

9.6 电气防火

9.6.1 地下式污水处理厂消防水泵、防火卷帘、消防风机、疏散照明和指示、消防控制系统、消防排水泵等设备不应低于二级负荷。

9.6.2 消防配电系统的干线应按防火分区划分，分支线路不宜穿越防火分区。

9.6.3 设置在同一防火分区的防火卷帘、消防排水泵等自带控制箱的设备，其供电电源可由本防火分区的消防双电源自动切换后单回路供电。

9.6.4 消防水泵房、防烟和排烟风机房等消防设施房间的备用照明电源，可由应急电源配电箱供电。

9.6.5 地下式污水处理厂可不设电气火灾报警系统。

9.6.6 配电线路的电线、电缆成束敷设时，应选用阻燃型，阻燃级别应根据同一敷设通道电缆的非金属含量确定，且电力电缆的燃烧性能不应低于 B2 级。

9.6.7 消防配电线路应满足火灾时连续供电的需要，其敷设应符合下列规定：

1 主干线、消防水泵、消防控制室、防烟和排烟风机房的消防用电设备及消防电梯的电源电缆应采用矿物绝缘类不燃性电缆。

2 消防配电线路与其他配电线路应分别配管或在不同的封闭式金属桥架敷设；条件困难且消防线路较少时，可在同一封闭式金属桥架设防火隔板分开。

3 消防配电线路的两回路电源宜分开敷设，如确需敷设在同一桥架内时，应在桥架内设置防火隔板。

9.7 接地和防雷

9.7.1 低压电气装置宜采用 TN 配电系统，地下式污水处理厂地下箱体应设置保护总等电位联结系统。

9.7.2 系统工作接地、电气装置外露导电部分的保护接地、保护等电位联结的接地极、雷电保护接地等宜共用同一接地装置，接地装置的接地电阻应符合其中最小值的要求。

9.7.3 接地装置宜优先利用地下箱体的基础钢筋，接地体与室内接地干线的连接不应少于两处。

9.7.4 地下式污水处理厂地下箱体的防直击雷应符合下列规定：

1 地下箱体结构顶不高于室外地坪或地下箱体结构顶高于室外地坪且有种植绿化覆盖时，可不设置直击雷设施。

2 地下箱体结构顶高于室外地坪且无种植绿化覆盖以及突出地下箱体且高出室外的楼梯间、通风井、烟囱等部位，其直击雷的防护措施应符合国家现行标准的有关规定。

10 检测和控制设计

10.1 一般规定

10.1.1 地下式污水处理厂宜采用无人值守、集中监管的控制措施，设置检测和控制系统。

10.1.2 地下式污水处理厂检测和控制设计包括设计检测仪表系统、自动化系统、信息化系统及智能化系统。

10.1.3 地下式污水处理厂检测和控制设计应根据工程规模、工艺流程、运行管理、经济条件和环保部门监督要求合理确定。

10.2 检测仪表

10.2.1 地下式污水处理厂检测仪表系统配置应设置保障人身安全、设备运行安全所需的仪表。

10.2.2 地下式污水处理厂进出水井处和各级泵房前池应设置液位检测仪表，进出水处应设置水质水量在线监测仪表，处理单元应设置工艺在线监控仪表。

10.2.3 大型离心风机、干式泵宜设置振动监测装置。

10.2.4 配电柜、设备控制柜宜设电流、电压、温度、湿度、静态绝缘等检测装置。

10.2.5 有毒有害气体仪表检测位置及检测项目应符合下列规定：

1 操作层预处理段、生物处理段、污泥处理段：H_2S、NH_3、CH_4。

2 设施层：H_2S、NH_3、CH_4、CO_2。

3 除臭设施进出口：H_2S、NH_3。

4 其他易产生有毒有害气体的密闭房间或空间：H_2S、CH_4。

10.2.6 环境监测仪表检测位置及检测项目应符合下列规定：

1 地下箱体：温度、湿度、O_2。

2 变配电间、控制室：温度、湿度。

10.3 自动化

10.3.1 地下式污水处理厂应设立自动化控制系统满足运行安全需要。

10.3.2 自动化控制系统应采用信息层、控制层和设备层三层结构。

10.3.3 控制器、通信网络结构应采用冗余配置。

10.3.4 设备控制应设置基本、就地和远控三层控制方式。

10.3.5 自动化控制系统应采用在线式 UPS 作为后备电源，后备时间不少于 120 min。

10.4 信息化

10.4.1 地下式污水处理厂应设置信息化系统，包括信息化基础设施和信息化管理平台。

10.4.2 信息化基础设施应符合下列规定：

1 地下箱体应设置固定式电话系统，人员出入口、主通道、重要区域、变配电间、控制室等处应设置通信点，间距应小于 100 m。

2 地下箱体宜设置无线信号覆盖系统、移动通信室内信号覆盖系统。

3 地下箱体应设置无线对讲系统。

4 地下箱体宜设置广播系统，火灾发生时，可作为消防应急广播，扬声器布设间距应小于 50 m。

10.4.3 可根据运行管理需求设置企业生产管理信息平台。

10.4.4 应采取工业控制网络信息安全防护措施。

10.4.5 宜采用移动互联网技术设置移动终端应用系统。

10.5 智能化

10.5.1 地下式污水处理厂宜设置智能化系统，包括公共安全系统、智能化应用系统、智能化集成平台。

10.5.2 地下式污水处理厂公共安全系统应包括火灾自动报警系统、安全防范系统等，并应符合下列规定：

1 火灾自动报警系统应符合下列规定：

1）宜采用感烟火灾探测器。

2）出入口及通道宜设置火灾报警器。

3）地下箱体内宜设置消防应急广播，可与广播系统合用。

4）应根据消防控制要求设计消防联动控制。

2 安全防范系统应符合下列规定：

1）宜设置视频监控系统，采用数字式网络技术，视频图像信息保存期限不宜少于 90 d。周界、各类通道、人员出入口等处宜设置安防视频摄像机；主要工艺设备、变配电间、控制室等处宜设置生产管理视频摄像机。

2）人员出入口、变配电间、控制室等处宜设置门禁系统，宜与视频监控系统联动。

3）地下箱体内宜设置安全报警系统，在出入口以声光形式输出报警信息。

4）宜设置电子巡更系统、人员定位系统。

10.5.3 地下式污水处理厂宜设置智能化应用系统，并符合下列规定：

1 鼓风曝气环节宜设置智能曝气控制系统。

2 加药工艺环节宜设置智能加药控制系统。

3 地下箱体宜设置智能照明系统。

4 可根据运行管理需求设置智能巡检设备。

10.6 其他设施

10.6.1 控制柜防护等级不应低于IP55，现场仪表箱防护等级不应低于IP65，同时应考虑防腐、防潮等措施。

10.6.2 控制设备宜由专用的配电回路供电。

10.6.3 电缆桥架材质宜采用不锈钢材质，当采用钢制桥架时，应有防腐措施。

10.6.4 控制电缆不应少于4芯，备用芯数宜为使用芯数的15%，备用芯不应少于1根。

10.6.5 接地和防雷措施应符合下列规定：

1 采用总等电位联结，接地电阻不应大于1 Ω。

2 通信电缆、仪表信号电缆或控制电缆采用屏蔽电缆时，应采用单端接地方式，接地点宜设在控制柜端。

3 在信号、通信、电源通向室外线路的端口上应装设防浪涌设备。

本标准用词说明

1　为了便于在执行本标准条文时区别对待，对要求严格程度不同的用词说明如下：

1） 表示很严格，非这样做不可的用词：
正面词采用“必须”；
反面词采用“严禁”。

2） 表示严格，在正常情况均应这样做的用词：
正面词采用“应”；
反面词采用“不应”或“不得”。

3） 表示允许稍有选择，在条件许可时首先应这样做的用词：
正面词采用“宜”；
反面词采用“不宜”。

4） 表示有选择，在一定条件下可以这样做的用词，采用“可”。

2　标准中指定应按其他有关标准执行时，写法为“应符合……的规定（要求）”或“应按……执行”。

引用标准名录

1 《声环境质量标准》GB 3096
2 《工业企业厂界环境噪声排放标准》GB 12348
3 《室内空气质量标准》GB/T 18883
4 《压力管道规范　工业管道》GB/T 20801
5 《混凝土结构设计规范》GB 50010
6 《建筑抗震设计规范》GB 50011
7 《建筑设计防火规范》GB 50016
8 《工业建筑供暖通风与空气调节设计规范》GB 50019
9 《室外给水排水和燃气热力工程抗震设计规范》GB 50032
10 《建筑照明设计标准》GB 50034
11 《20 kV 及以下变电所设计规范》GB 50053
12 《电力工程电缆设计标准》GB 50217
13 《建筑内部装修设计防火规范》GB 50222
14 《建筑工程抗震设防分类标准》GB 50223
15 《通风与空调工程施工质量验收规范》GB 50243
16 《混凝土结构耐久性设计规范》GB/T 50476
17 《航空工业工程设计规范》GB 51170
18 《工业建筑节能设计统一标准》GB 51245
19 《建筑防烟排烟系统技术标准》GB 51251
20 《消防应急照明和疏散指示系统技术标准》GB 51309
21 《工作场所有害因素职业接触限值　第 1 部分：化学有害因素》GBZ 2.1
22 《工作场所有害因素职业接触限值　第 2 部分：物理因素》GBZ 2.2
23 《建筑抗震设计规程》DGJ 08—9

上海市工程建设规范

地下式污水处理厂设计标准

DG/TJ 08—2342—2020

J 15505—2021

条文说明

2021 上海

目　次

Contents

1 总 则

1.0.1 说明制定本标准的宗旨、目的。

1.0.2 规定本标准的适用范围。

本标准只适用于新建、扩建和改建的城镇永久性的地下式污水处理厂。村庄、集镇和临时性排水工程，由于村庄、集镇排水的条件和要求具有与城镇不同的特点，而临时性排水工程的安全度比永久性工程低，不适用本标准。

建筑工程的污、废水处理厂站，常利用与建筑物合建的地下箱体或者设备层建设，人流和物流密集，一旦发生事故，危害程度和损失较大，应根据相应的建筑设计标准设计，不适用本标准。

1.0.3 关于地下式污水处理厂设计尚应执行的有关标准和规范的主要有:《声环境质量标准》GB 3096、《混凝土结构设计规范》GB 50010、《建筑抗震设计规范》GB 50011、《建筑设计防火规范》GB 50016、《工业建筑供暖通风与空气调节设计规范》GB 50019、《室外给水排水和燃气热力工程抗震设计规范》GB 50032、《建筑照明设计标准》GB 50034、《20 kV 及以下变电所设计规范》GB 50053、《电力工程电缆设计标准》GB 50217、《建筑内部装修设计防火规范》GB 50222、《建筑工程抗震设防分类标准》GB 50223、《通风与空调工程施工质量验收规范》GB 50243、《工业企业厂界环境噪声排放标准》GB 12348、《工业建筑节能设计统一标准》GB 51245、《建筑防烟排烟系统技术标准》GB 51251、《室内空气质量标准》GB/T 18883、《混凝土结构耐久性设计规范》GB/T 50476、《工作场所有害因素职业接触限值 第1部分:化学有害因素》GBZ 2.1、《工作场所有害因素职业接触限值 第2部分:物理因素》GBZ 2.2、《城镇污水处理厂大气污染物排放标准》DB 31/982、《恶臭(异味)污染物排放标准》DB 31/1025、《建筑抗震设计规程》DGJ 08—9 等。

3 基本规定

3.0.1 关于污水处理厂采用地下式设计的有关规定。由于地下式污水处理厂建设投资大、运行成本高,条件许可时应优先在地面建设,慎用地下式,并以批准的城镇总体规划和排水专业规划等为依据。

3.0.2 关于地下式污水处理厂采用全地下式还是半地下式,应根据环境敏感程度、地块开发要求、地面使用功能、经济能力、上位规划和设计相互协调的有关规定。地下式污水处理厂宜优先采用半地下式,便于人员和设备进出、通风设计,降低投资和运行费用;环境影响敏感程度高、经济条件许可、地面开发要求高时,可采用全地下式。

3.0.3 地下式污水处理厂建设难度大,建成后难以扩建或提标,建设规模应根据服务范围内规划年限的人口数、产业规划、给水量、排水量、管网收集率等进行分析预测,并应充分考虑所服务排水系统的旱季和雨季水量变化、厂址处建设用地和周边环境情况、施工技术条件等因素,留有设计冗余度。

3.0.4 地下式污水处理厂投资较高,分期建设降低土地利用率,且不易实施。可根据当地的经济条件和建设水平合理确定分期建设规模,经技术经济比较,可采用土建一次建设,设备分期安装的方式,正确处理近期与远期规模的关系。

3.0.5 内涝防治设施、雨水调蓄和利用设施是保障地下式污水处理厂安全运行和资源利用的重要基础设施。在降雨频繁、河网密集或易受内涝灾害的地区,应与城市防洪、道路交通、园林绿地、环境保护和环境卫生等专项规划和设计密切联系,并应与城市平面和竖向规划相互协调。

3.0.7 规定采用设备机械化和自动化程度的主要原则。

由于地下式污水处理厂环境条件差，设备安装维护和运输困难，操作人员劳动强度较大，同时，某些构筑物，如污水泵站的格栅井、污泥脱水机房等会产生硫化氢、污泥气等有毒有害和易燃易爆气体，为保障操作人员身体健康和人身安全，延长设备寿命，地下式污水处理厂应提高设备机械化程度和自动化水平，鼓励智能化。

3.0.10 考虑到地下式污水处理厂建成后维护检修、设备更换难度大，宜选择运行稳定、维护简单、设备更换便捷的处理工艺。

3.0.11 规定供电系统负荷等级。特别重要设备指防淹设施、消防设施、应急照明、监控等。特大型或特别重要地区的地下式污水处理厂宜按一级负荷设计，双电源供电引自不同地区的变电所，如无法满足，可引自同一变电所的不同变压器。

3.0.12 地下式污水处理厂操作层为非敞开式，恶臭或有毒有害气体一旦扩散很难控制和收集，通风系统和除臭系统应分开，确保所有臭源和有毒有害气体有组织收集并负压输送，保证巡检人员的安全和健康。

有毒有害气体包括 H_2S、NH_3、CH_4 等。

3.0.13 地下式污水处理厂的吊装系统用于主要设备的安装和日常维护检修，应综合考虑吊装系统布局，避免与通风、电缆等管线相碰，必要时可考虑二次驳运。另外，考虑到地下空间的空气质量较差、湿度较高，对吊装系统具有一定的腐蚀性，故应将起重设备的起重量根据需吊运的最重部件放大一档，以确保安全使用。

4 总体设计

4.0.1 关于地下式污水处理厂采用全地下式还是半地下式的规定。采用半地下式设计相比全地下式更便于管理、节省建设投资和后期运行费用。环境影响低敏感的城市区域，有条件时宜采用半地下式污水处理厂。

4.0.2 地下式污水处理厂一般位于城镇土地资源紧张的区域，应注重土地资源的充分利用，建(构)筑物和配套设施的设计应高度集约化，尽量提高占地利用率和地下空间利用率，地下箱体的上部空间可根据当地实际情况建设景观绿地、人工水景、科普基地、停车场等对周边环境低影响的设施，为保证公众生命安全，应避免开发为商场、医院、剧院等大型人员密集型公共场所。

4.0.3 地下式污水处理厂位置的选择原则：

1 相比常规污水处理厂，地下式污水处理厂的埋深更深，厂址的良好工程地质条件，包括土质、地基承载力和地下水位等因素，可为工程的设计、施工、管理和节省造价提供有利条件。

2 污水处理厂位置的选择应在城市空间总体规划和排水工程专业规划的指导下进行，以保证总体的社会效益、环境效益和经济效益，并根据下列因素综合确定：便于污水收集和处理后出水回用和安全排放；便于污泥集中处理和处置；在城镇夏季主导风向的下风侧；有良好的工程地质条件；少拆迁，少占地，根据环境评价要求，有一定的卫生防护距离；有扩建的可能；地下式污水处理厂主体处理构筑物位于地下，相比常规污水处理厂更应重视厂址的防洪和排水问题，防洪标准不应低于城镇防洪标准，防止洪涝灾害。

4.0.4 地面通风井、除臭排气筒等构筑物附近的空气和声环境质量相对较差，生产管理建筑物和生活设施应与其保持一定距离，并尽量集中布置，便于以绿化隔离，保证管理人员有良好的工作环境。地面排风井、除臭排气筒应位于管理建筑的常年主导风向的下风向，与周边敏感设施间距应满足环评要求。

4.0.5 地下式污水处理厂的地面建筑较少，在满足经济实用的前提下，应适当考虑简洁美观，并与周围环境相协调。

4.0.6 会产生粉尘的污泥干化设施以及会产生可燃性气体的污泥消化处理单元不宜设置在地下箱体内。

4.0.7 地下箱体出入口的有关规定：

2 需要槽罐车、污泥车、消防指挥车等大型车辆进出的车行道的转弯半径可放宽至 9 m。

6 地下式污水处理厂的进出通道（包括车行道、人行道等）应根据功能要求，如运输、检查、维护和管理的需要设置。通常进出通道的最低点比周围地面低很多，且纵坡很大，下雨时易造成积水。从安全角度出发，通道敞开部分采用透光材料进行封闭，设置驼峰和横截沟防止雨水进入，形成高水高排、低水低排独立互不干扰的系统。

4.0.8 地下式污水处理厂的设计和建设宜贯彻海绵城市建设理念，注重源头减排，减少地面径流的污染。应根据厂区实际情况，结合用地、布局、景观等因素选择合适的工程设施。

4.0.11 地下式污水处理厂周边存在敏感设施时，如军事雷达等，应论证覆土厚度以不影响雷达的准确性。

4.0.12 智慧控制模式，即无人值守、集中监管，采用信息化、智能化、自动化技术，三化融合实现地下式污水处理厂智慧化控制。根据上海地区经济发展程度、人力成本情况、运行管理的需要，地下式污水处理厂智慧控制模式建议均按照无人值守全自动化、智能化的方式考虑，所有现场设备可实现就地无人化、智慧化控制；工作人员可在中控室对现场设备进行集中监管，同时中控室对数据进行信息化处理，提供各类信息化服务，达到正常运行时现场无人操作，工作人员定时巡检，集中（远程）监管的目的。

4.0.13 地下式污水处理厂在运行过程中会产生有毒有害气体，主要包括厌氧反应产生的 H_2S、NH_3、CH_4 等气体，地下箱体为密闭空间，易形成和聚集有毒有害气体。因此，为确保人身及设备安全，根据地下式污水处理厂的水质和空间设计特点，在分析可能产生有毒有害气体区域的基础上，应设置固定式的有毒有害气体检测报警设备。

5 工艺设计

5.1 一般规定

5.1.1 地下式污水处理厂的处理设施一旦冒溢，会对环境和设施造成很大影响，因此污水或污泥处理流程的后续设施必须确保来水顺畅无阻通过。对于水质和(或)水量变化大的地下式污水处理厂，可设置流量控制措施，或适当增加构筑物超高用于缓冲和调蓄。

5.1.2 地下式污水处理厂的深度与造价密切相关，地下箱体净空过高不仅投资高，而且通风和照明等运行成本也相应增加，应充分利用结构梁板下的有限空间合理布置管道，在满足通行和设备检修的前提下优化净空设计。

5.1.4 为便于检修或事故应急，地下式污水处理厂工艺设计不应少于2组并联运行，构筑物间应均匀配水，局部停运时可超越部分构筑物而不影响全厂运行。

5.1.5 管道和设备色标应符合现行行业标准《城市污水处理厂管道和设备色标》CJ/T 158的有关规定。

5.1.7 地下式污水处理厂是个相对密闭的环境，通风和扩散条件较差，一旦有臭气或其他有害气体进入操作层大空间，很难去除，必须从源头做好防治。

5.2 地下箱体布置

5.2.3 活动盖板或观察窗的材质宜选用轻质高强度材料。

5.3 污水处理

5.3.3 设置速闭闸的有关规定。在全地下式污水处理厂中，进水速闭闸的设置可以有效防止各种极端条件下地下箱体负一层被淹。启闭机和现场按钮箱若设置过低，易被水淹，导致无法工作，故提出此要求。

5.3.4 1 mm～3 mm 栅距的格栅可有效拦截纤维类物质，阻止其进入后续污水及污泥处理系统，降低后续设备故障率，减少池内沉积和设备养护。格栅如果清渣不及时，将导致上游壅水，设置备用人工格栅或超越溢流堰可减小冒溢风险。

5.3.5 为降低曝气器及连接管故障率，故对设备选择和管道材质提出要求。当曝气器损坏时，可关闭单个曝气模块的阀门减少对运行的影响。为方便曝气器检修，设计应考虑设置临时泵安装位置、预留管道、闸阀及临时用电位置。

5.3.6 地下式污水处理厂立柱较多，若位于水池内，会极大影响水力流态和搅拌效果，故一般采用沟流式布置形式，将立柱全部放置于导流墙内。

5.3.7 地下箱体内部二沉池、高效沉淀池、滤池等大面积敞开水面会增加地下箱体内潮湿度，滋养蚊蝇，宜对地下箱体内水池的敞开水面进行加盖，检修频率高的区域采用滑动盖可便于巡检维护。

5.3.8 地下箱体内的中间提升泵房及出水泵房的水泵若发生故障或者流量不匹配，易导致构筑物溢流，因此泵房应与进水速闭闸联锁控制，当任一泵房内水泵全部停机时，应立即关闭地下污水处理厂总进水速闭闸。

5.3.9 对危险化学品的储存和使用，国家有严格的规定。地下式污水处理厂使用危险化学品，不但会大幅增加工程投资，而且存在较大的安全隐患，故提出此要求。

常见的10%有效氯浓度的次氯酸钠溶液和二氧化氯制备中使用的原材料都属于危险化学品,不宜放置在地下箱体内。现场制备二氧化氯或臭氧,过程中会使用并产生新的危险化学品,操作安全风险大,发生器、管道、容器、投加装置和土建结构应符合防爆要求。

5.3.10 鼓风机属于高噪声设备,需对其噪声进行控制。风管采用不锈钢材质可防止管道发生腐蚀时细微锈蚀颗粒造成曝气器的微孔堵塞。风管表面温度一般可达到100 ℃以上,人员误触容易造成烫伤,故要求管道外表面采取绝热措施。

5.3.11 地下式污水处理厂较难再次扩建,鉴于水质标准有进一步提高的可能性,故建议在设计参数选取、设备配置等方面取现行国家标准《室外排水设计规范》GB 50014规定取值范围的上限。例如AAO工艺污泥负荷的取值范围为0.1 kgBOD5/(kgMLSS·d)~0.2 kgBOD5/(kgMLSS·d),地下式污水处理厂的污泥负荷宜取0.1 kgBOD5/(kgMLSS·d)。

5.3.12 为防止地下箱体内构筑物污水溢流,所有构筑物顶板标高不应低于前续构筑物的最高水位标高,建议构筑物顶板标高设计宜不低于前池构筑物最高水位标高的0.5 m。

5.4 污泥处理和处置

5.4.1 目前城镇污水污泥的处理技术繁多,所选用的技术应与污泥的最终处置方式相适应,由处置出路决定处理工艺,经技术经济比较后确定。应根据进水水质及污水处理工艺合理确定污泥处理的近、远期规模,并留有余地。

5.4.2 部分污泥处理工艺的消防要求较高,也为防止污泥处理区臭气散逸入污水处理区域,影响地下式污水处理厂整体环境,两区域应相互独立,设置密闭门相连通。会产生粉尘的污泥干化工艺以及会产生可燃性气体的污泥消化工艺不宜放入地下箱体内。

5.4.3 地下箱体进出通道设计时应考虑车辆和设备进出的需要，大型设备运输对车道宽度、净高和转弯半径要求较高，有条件时可直接从地下箱体顶部吊运。

5.4.4 地下箱体进出通道宽度较窄，高度受限，坡度较大且存在转弯，宜先规划好污泥运输车辆进出。

5.4.5 地下箱体内的污泥处理构筑物和主要设备安装检修不便，污泥处理事故时又会影响污水处理的正常运行。考虑污泥处理系统故障频率较高，故规定地下污泥处理构筑物分组数和设备处理线不应少于2组，且任一处理线故障停运时，其他处理线的能力仍能确保处理每天污泥量的要求。

5.4.8 为减少污泥卸料区的臭气外溢，出入口宜设置两道隔断门形成缓冲区，避免车辆进出时卸料区空间与地下箱体空间直接相通。

6 建筑设计

6.1 一般规定

6.1.1 地下式污水处理厂的地面建筑较少,在满足经济实用的前提下,应适当考虑简洁美观,并与周围环境相协调。

6.1.3 生产管理与生活设施如门卫、综合楼等为民用建筑,对工作环境要求较高,建议布置在地面上。

不适宜布置在地下的生产设施含火灾危险性类别为甲、乙类的建筑,火灾危险性类别为丙类的建筑,火灾危险性类别虽为丁类但有爆炸危险的建筑。

根据现行消防规范,火灾危险性类别为甲、乙类的建筑如臭氧制备间等,禁止设于地下。火灾危险性类别为丙类的建筑,相对来说危险性较高,考虑操作层位于地下不便于消防疏散,故不建议设于地下。火灾危险性类别为丁、戊类但有爆炸危险的车间不宜设于地下。如若条件限制需设于地下,应采取符合现行规范要求的防爆泄压措施。

人员出入口及通风井、汽车进出通道等为应设置于地面上的建(构)筑物。

6.1.7 通风井虽然为构筑物,但其外观设计同样重要,与周边环境协调统一。

6.3 防水设计

6.3.1 地下箱体顶板多为覆土种植,故其防水等级定为一级,除钢筋混凝土自防水外应设置 2 道防水层，并且其中至少 1 道为耐根穿刺防水层。

6.3.2 操作层底板和侧壁指直接接触土壤的底板和侧壁，应符合现行国家标准《地下工程防水技术规范》GB 50108 的有关规定。防水等级二级不允许漏水，结构表面有少量湿渍，不影响箱体的使用要求，故防水等级采用二级。除钢筋混凝土自防水外，尚应至少设置 1 道防水层。对渗漏水比较敏感的变配电用房的底板和侧壁防水等级，建议增强至一级。

6.4 建筑消防

6.4.1 建筑的耐火等级应符合现行国家标准《建筑设计防火规范》GB 50016 的有关规定。地下箱体发生火灾后，热量不易散失，温度高，烟雾大，燃烧时间长，疏散和扑救难度大，故对其耐火等级要求高。

6.4.2 本条规定地下箱体内各设备用房和附属用房的火灾危险性类别。部分房间如加药间、加氯间等因采用的药剂种类不同而有不同的火灾危险性类别，设计时应根据具体情况确定。

6.4.3 操作层构筑物区域主要为大空间，空间内可燃物较少（主要介质为污水，主要建筑材料均为不燃材料，电缆采用阻燃电缆），人员较少且主要为熟悉场地及各种工况并经过培训的巡检人员。根据相关实验结果，大空间在所有工况下 5 min 时火灾场所均能见度高，烟气充满度低，火源点 2 m 范围外的烟气温度不超过 30 ℃，建筑结构未发生坍塌，不影响人员逃生。因此，操作层构筑物区域人员的逃生距离可适当延长。

设施层内任一点至最近逃生口的直线距离不宜大于 100 m，主要参照现行国家标准《城市综合管廊工程技术规范》GB 50838 的有关规定；当无法满足时，宜进行专项论证，并应符合现行国家标准《建筑设计防火规范》GB 50016 的有关规定。

操作层构筑物区域内部装饰采用不燃材料，以便于人员有更多的时间疏散。设施层因人员进入的频率太低，可不做建筑装饰，砌体隔墙处可采用不燃材料。

6.5 出入口

6.5.1 地下箱体的车行出入口主要用于污泥、设备等的运输，与工作人流分开，考虑地下箱体内回车不便，建议至少设置 2 处，且宜设在厂区偏僻处。

7 结构设计

7.1 一般规定

7.1.2 耐久性极限状态设计应符合现行国家标准《建筑结构可靠性设计统一标准》GB 50068 的有关规定。

7.1.6 根据上海地区地质条件特点，地下式污水处理厂基坑围护支护结构类型可采用灌注桩排桩、地下连续墙、重力式挡土墙、双排桩、组合式等。

7.3 结构计算

7.3.1 地下箱体工况条件可按照现行协会标准《给水排水工程钢筋混凝土水池结构设计规程》CECS 138 中工况组合的相关规定进行计算。

7.3.2 地下污水厂出现断电等事故工况时，需考虑构筑物内水位到达构筑物池顶，复核构筑物池壁强度。

7.4 抗震设计

7.4.3 长距离刚性管道穿越变形缝和承重墙等设施时应进行抗震验算，避免地震剪切波所引起的管道变位。

7.5 构造要求

7.5.1 当变形缝间距超过规范建议最大间距时，可采用设置贯通的施工后浇带(加强带)，或分段跳仓浇筑相结合的方式进行设计。

8 暖通和除臭设计

8.1 一般规定

8.1.1 地下式污水处理厂采用机械通风，能耗大，运行成本高，为节能降耗，地下箱体通风设计可优先采用自然通风方式；当自然通风方式不能满足卫生、环保或生产工艺要求时，应局部或全部采用机械通风方式，确保人员和设备设施安全。

8.1.5 工艺设计可通过控制污水水流平稳、减少不必要的跌落等措施从源头上减少臭气散逸，降低地下式污水处理厂除臭系统设计难度。

8.1.6 臭气的成分复杂，量、质变化大，除臭设计应根据臭气源强特征选用适合的工艺分级去除。

8.2 通风系统

8.2.8 在检修状态下，应在重点生产区域提出临时通风系统的概念和设置，避免出现人身事故。

8.6 除臭系统

8.6.1 臭源点单独密闭负压收集是提高收集效率的关键，应避免小空间的臭气扩散至大空间，增加除臭难度。加强密封易形成内部微负压，防止臭气外溢，在满足环境空间质量的前提下，应尽量减少抽风量，防止过度抽吸造成臭气持续不断地从污水液相散逸至气相空间。

8.6.2 密闭空间或有限空间作业时应注重操作人员的安全和职业健康，提高卫生防护水平，防止负压环境中散逸的臭气对操作人员的危害。

8.6.3 与钢筋混凝土水池一体的密闭形式可以提高严密性，混凝土内壁应加强防腐，外加集气罩采用一体成型的轻质耐腐蚀材料，不应有金属结构，周边应做防护栏杆。紧临水面的低净空布置可以减少除臭风量。巡视强度高的区域宜采用移式滑动高强度玻璃钢盖板加罩，格栅、螺旋输送机、栅渣外运区域宜采用透明材质加罩。生物反应池好氧区加罩宜设置采光观察窗。当采用玻璃钢除臭罩时，罩体安装完毕后，应进行现场荷载试验，试验可按均布荷载，荷载值应为 50 kg/m^2，罩体跨度最大变形挠度应不大于 $L/200$，轨道应采用不锈钢材质，滚轮应采用不锈钢滚珠轴承。推拉力宜不大于 30 N。滑动罩使用寿命应不低于 15 年。

8.6.4 大空间臭气应均匀收集，不留死角，避免臭气局部积聚。大空间除臭难度较大，易形成涡流、紊流、回流、滞流区，可采用诱导式引流加盖收集形式，利用 CFD 气流流态模拟分析确定抽吸位置。

8.6.5 吸气口的布置间距和吸口位置对收集均匀性影响较大，喇叭型吸气口可以扩展吸口收集范围，减小阻力；吸气口标高过低，会吸入物料。

8.6.7 臭气中含有大量有毒有害气体，负压抽吸可防止管内臭气外泄。压力输送时管道、法兰和配件应按 GC1 类工业管道设计。

8.6.8 臭气输送管道应充分利用结构空间合理布置，避让吊运和其他缆线，不增加结构净空高度。

8.6.9 为及时排除臭气输送管道内大量冷凝水，水平风管应形成一定坡度，坡度不小于 0.5%，坡向污水池或支管末端，避免局部形成最低点，风管最低处应考虑排水。

8.6.12 风管采用不锈钢材质时，其最小壁厚应不小于 1.5 mm，并采用直缝焊接，不宜采用卡箍或丝扣方式进行连接。法兰片厚度应不小于 3 mm，法兰片之间的非金属垫片的氯离子含量不得超过 50 mg/m^3，宜采用硅橡胶或氟橡胶等耐腐蚀、耐老化材质。

8.6.13 风管上设置优质风阀可以精确调节风量，实现各支管均匀抽吸。

8.6.14 风量指示装置的安装，方便观测系统的运行状态；安装冲洗系统，方便对风量指示器内部实施冲洗。

8.6.15 生物除臭工艺处理效率高、运行成本低，当进口臭气量和臭气组分大幅波动时可加前置化学法除臭工艺。采用活性炭吸附除臭工艺时，应采用用于吸附气体的颗粒碳。活性炭碳饱和后应按危险固体废弃物妥善处置。

8.6.17 等离子除臭工艺释放的大量等离子体与高浓度臭气接触，有引起燃爆的风险，故风机应采用防爆风机。

9 电气设计

9.1 一般规定

9.1.1 关于变压器事故保证率的要求。任一台变压器故障时均应确保水流的正常提升和排放，避免地下式污水处理厂受淹。

9.1.2 地下式污水处理厂的疏散指示、疏散照明等自备应急电源在市电失电的情况下，应能保证地下厂区维持照明和疏散指示。

9.2 电源要求

9.2.1 地下式污水处理厂的排烟风机、消防水泵、事故风机、存水泵等重要用电设备主变容量选择应保证这些设备可靠供电。

9.2.2 地下式污水处理厂地势低，外电源失电时连续进水可能淹没厂区，需要及时关闭一些阀门或其他装置防止被淹，自备电源应保证进出水和排涝防淹设备可靠启动和持续运行。

9.3 设备布置

9.3.1 由于 110 kV 及以上变配电设施的高度较高，散热量大，地下式污水处理厂地下箱体高度一般在 4 m～5 m，较为低矮，电气设备进出和安装不便，通风散热不利，地下局部结构需特殊设计；大容量变压器采用油浸式会带来消防隐患，需提高建筑物的防火等级。因此，110 kV 及以上变配电设施不宜布置在地下式污水处理厂地下箱体。

9.3.2 变电所、配电间、控制室设置的位置应方便电气设备运输安装，方便大量电缆的进出，免于柱梁的阻碍。鼓风机房、出水泵房都是地下式污水处理厂地下箱体内负荷集中且单机容量较大的设施，变电所宜靠近这些设施设置，合建方便配电和管理。低压配电线路电流大，变电所设置在负荷中心既能减少线路损耗，又能节省投资。

9.3.3 地下式污水处理厂地下箱体用电设备旁环境潮湿、存在H_2S气体，尤其水泵、风机等大容量主要用电设备的变频、软启动控制箱柜若安装在机旁，故障率较高，使用寿命会降低，故宜设置在合建或单独的控制室内。另外，变频器发热量大，集中设置温升较高，对设备运行不利，故应采用空调散热。

9.3.4 由于地下式污水处理厂潮湿，通风管易产生冷凝水，若在开关柜、变压器顶部通过，冷凝水滴落下来极易损害电气设备。

9.3.6 本条规定是为了防止地下箱体冲洗时水进入落地安装电气柜。

9.3.7 地下式污水处理厂变电所、配电间和控制室通常有大量电缆进出，电缆沟尺寸需有足够空间满足所有进出电缆的弯曲半径要求。

9.3.8 电缆引入或引出地下箱体时，不应在地下箱体顶部开孔或预埋保护管，以免引起渗水或漏水。

9.4 防腐防潮防爆

9.4.1 操作层和设施层湿度大，易产生冷凝水，有H_2S气体，环境相对较差，因此防护和防腐要求高于地面污水处理厂室内生产区域。

9.4.2 控制室、变电所与操作层和设施层隔开，较为封闭，有单独排风装置，部分设置空调，环境相对较好。

9.4.3 地下式污水处理厂地下箱体没有紫外线破坏，因此正常情况下不会发热的电气设备可采用聚碳酸酯材质；若按钮箱内有电子设备，对散热有一定要求时，宜采用金属材质外壳。

9.4.5 由于地下式污水处理厂湿度高，夏季温度较地面气温低，极易在电气设备内部产生冷凝水，对电气设备尤其是备用设备的损害极大，影响厂区设备正常运行，因此在电气设备内加装根据温度和湿度控制的加热器。为了确保数量众多的电气设备能够可靠运行，要求加热器故障信号上传，便于维护。半地下式污水处理厂地下箱体通风相对全地下较好，因此可根据环境选择是否加装加热器。

9.4.6 地下式污水处理厂地下箱体的电缆大多采用桥架沿墙和天花在较高处敷设的方式，而地下式污水处理厂地下箱体的管道、天花、墙壁都易产生较多冷凝水。若电缆采用上进上出的方式，冷凝水滴落在桥架上，沿着桥架容易进入电气设备内，造成设备短路。若出现无法下进下出特殊情况，应做好线缆上进上出的防水封堵。

9.4.7 半地下式污水处理厂位于外墙处的变电所、控制室可以采用开启式的窗户。地下式污水处理厂或半地下式污水处理厂中央位置的变电所、控制室等集中设置电气设备的房间宜采用独立的排风系统进行散热，在部分外围环境相对比较干燥和腐蚀性气体浓度较低的区域可开启进风百叶窗。

9.5 照明设计

9.5.1 地下式污水处理厂地下箱体区域面积大，为节能降耗，各功能区域照明的照度应根据需求设计。

9.5.2 监控需要的照度根据摄像机技术参数各不相同，应满足自控设计要求。

9.5.4 高效节能光源有较多种类，目前较为节能的是 LED 光源，可根据不同需求选择不同种类的光源和灯具。

9.5.5 部分灯具设置是为了巡视人员观察水池内部面和密封空

间,有的地下式污水处理厂水面面积较大,因此灯具应安装在人员便于维修的安全位置。

9.6 电气防火

9.6.1 地下式污水处理厂多为水池,火灾危险性较低、人员少,因此定为二级负荷。

9.6.2 按防火分区配电,提高消防配电系统的可靠性。

9.6.3 防火卷帘、消防排水泵等设备直接由所在的防火分区双电源末端自切装置配电。当防火卷帘、消防排水泵在消防泵房、防烟和排烟风机房时,可共用一套双电源末端自切装置。当防烟和排烟风机未设置在机房时,可以在本防火分区内与其他消防设备共用一套双电源切换装置,但切换装置至设备的线路不宜过长。

9.6.5 地下式污水处理厂环境较为潮湿,配电线路较长,电缆正常的泄漏电流较大,设置火灾剩余电流报警装置误报率较高,且火灾危险性低于丙级,人员少,故可不必设置。

9.6.6 电缆的非金属含量是选择阻燃的基本依据,成束敷设的阻燃电缆数量较少时呈阻燃特性,而数量较多时可能呈非阻燃特性,应结合工程的实际情况选择合适级别的阻燃电线、电缆。

9.6.7 主干线、消防水泵、消防控制室、防烟和排烟风机房的消防用电设备及消防电梯为重要设施,采用矿物绝缘类不燃性电缆,能提高火灾时的供电可靠性。

9.7 接地和防雷

9.7.3 地下式污水处理厂地下箱体的接地和防雷接地系统较难分开,且 TN 配电系统工作接地、变压器高压侧保护接地等共用接地装置,应设置总等电位联结系统。

10　检测和控制设计

10.1　一般规定

10.1.2　检测及自动化系统是生产控制的基础；智能化系统是检测仪表及自动化系统重要的补充；信息化系统是对生产信息进行挖掘分析，同时纳入了经营管理决策的内容。

10.1.3　地下式污水处理厂检测和控制设计内容应根据工程规模、工艺流程、经济条件等因素合理确定，并结合当地生产运行管理、人员安全保障措施、环保部门对污水处理厂水（气）监管的要求和投资情况合理确定。

10.2　检测仪表

10.2.2　为防止地下式污水处理厂受淹，污水处理厂进出水处和各级泵房（进水泵房、中间提升泵房、出水泵房等）前池应设置液位检测仪表；若为压力井、压力管道时，可设置压力仪表，转换成对应的液位值。当液位达到高位时应报警，并连锁开停相关的水泵、闸门等设备。

地下式污水处理厂进出水处应根据环报部门要求设置水污染源在线监测系统，包括化学需氧量（COD_{Cr}）、氨氮（NH_3-N）、总磷（TP）、总氮（TN）、pH、温度及流量等的水质水量在线监测。

地下式污水处理厂各处理单元应根据工艺流程设置生产控制和运行管理所需的工艺在线监控仪表，包括溶解氧（DO）、污泥悬浮浓度（MLSS）、氨氮（NH_3-N）、硝氮（NO_3）、流量、液位等参数。

10.2.5 地下式污水处理厂为密闭空间，通风不良时容易造成H_2S、NH_3、CH_4、CO_2等气体聚集，可能会发生人员中毒、爆炸等事故，因此应在地下式污水处理厂设置有毒有害气体检测仪。

10.2.6 地下式污水处理厂需监测温度、湿度、O_2等环境参数，为人员巡检、设备运行提供保障。

10.3 自动化

10.3.3 PLC控制器应为CPU、电源、通信模块冗余配置，现场控制站与中控系统的通信网络应采用冗余光纤环网。

10.4 信息化

10.4.4 近年来，工业领域工控软件安全事件频发，因此控制系统宜考虑适当的软件防护措施。

10.5 智能化

10.5.1 智能化集成平台宜具有信息采集、数据通信、综合分析处理、可视化展现等功能。

10.5.2

1 地下式污水处理厂操作层、设施层地下箱体内均需要设置火灾自动报警系统。

2 安防视频系统主要防止外来人员非法入侵、偷盗等情况，地下箱体内宜做到无死角；生产管理视频摄像机能够看到设备运行情况、工作人员操作情况等。

门禁系统动作后，启动相关的视频摄像机，能够看到人员进出情况。

有毒有害气体检测仪表测量值达到高限值时应启动安全报

警系统进行声光报警。

当污水处理厂运行管理有人员定位及远程监控巡检的需求时,可利用通信网络建立电子巡更系统、人员定位系统。

10.6 其他设施

10.6.2 自动化系统配电回路宜从变电所低压配电柜直接引出,包括专用的配电开关和专设的接线端子。